萌翻天！

|黃珊珊 Susanne Ng◎著|

造型戚風蛋糕

U0111289

獻給我的丈夫光佑（Guangyou），
我們的孩子迦勒（Caleb）、克麗絲汀（Christine）
和卡麗莎（Charissa），
還有我的父母查理斯（Charles）和莉莉（Lily）

Contents 目錄

致謝 7

作者序 9

基本工具與設備 11

基本材料 17

組裝和裝飾用品 20

戚風蛋糕小叮嚀 22

造型戚風蛋糕製作訣竅 23

基礎戚風蛋糕的烘烤與脫模 24

烤戚風薄片蛋糕 30

製作分層戚風蛋糕——三色西瓜蛋糕 34

製作波浪花紋——花園蛋糕 38

製作斑點圖案——藍天白雲蛋糕 42

製作豎立扇形——三等分三味蛋糕 46

蛋糕中的隱藏圖案與驚喜——飛機蛋糕 50

擠花造型——圓環小熊蛋糕 54

薄片蛋糕的烘烤與應用——貓頭鷹蛋糕 58

製作杯子蛋糕——造型香蕉杯子蛋糕 62

圓錐紙模造型蛋糕——積雪覆蓋的富士山戚風蛋糕 66

蛋殼蛋糕作法——獨角獸棒棒糖戚風蛋糕 70

運用碗 & 蛋糕模具——立體熊貓蛋糕 74

金屬模具烘焙——馴鹿蛋糕 78

疑難雜症解惑 82

重量換算 87

致謝

首先，我要感謝上帝給了我這次烘焙之旅的機會、熱情和靈感，這是四年前我從未想過的，祂必在背後支持了我的每一個創作。

感謝我的丈夫（我最好的朋友）一直陪伴著我，謝謝他總是善解人意，也對我的創作提出了許多看法與見解。

感謝我的父母無盡的愛與支持。若沒有他們，我將無法追求所愛，製作各式各樣的創意戚風蛋糕。（謝謝爸爸和媽媽！）

我也非常幸運，有我三個孩子的支持，他們是我許多作品背後的靈感。

我要感謝DG的愛與支持=）.

我還要感謝與我一起烘焙的媽媽朋友們，特別是菲辛（Phay Shing）、克麗絲汀（Christine）和卡麗莎（Charissa）的烘焙小組，以及珊卓拉（Sandra）、朵麗絲（Doris）和一直以來給予我支持、友誼和鼓勵的朋友，共度了許多美好時光！

感謝我的編輯莉蒂亞（Lydia），我心目中最棒的編輯！她是如此體貼、親切、聰明又有趣，跟她合作是一件非常快樂的事！

感謝設計師班森（Benson）把這本書設計得這麼漂亮，還要感謝攝影師洪德（Hongde）出色的藝術作品、造型設計和專業精神！

也要感謝我喜愛的烘焙原料商：周氏集團有限公司（Chew's Group Limited）、奮發有限公司（Poon Huat & Co Pte Ltd）和Prima Flour對本書慷慨相助。

作者序

　　我從四年前開始烘焙造型戚風蛋糕，探索並分享戚風蛋糕如何呈現各種趣味橫生的造型，運用圖案和裝飾，讓戚風蛋糕在外觀和設計上媲美翻糖蛋糕或奶油蛋糕，卻又不影響味道或口感，這非常有趣。戚風蛋糕無論大人小孩都很喜歡，特別是基於健康因素，因為這種蛋糕使用的糖較少，而且非常輕巧、蓬鬆又好吃！

　　我的前兩本書《創意烘焙：戚風蛋糕》（Creative Baking: Chiffon Cakes）和《創意烘焙：造型戚風蛋糕》（Creative Baking: Deco Chiffon Cakes），都獲得了熱烈的回響。很多讀者看了這兩本書，然後試著照上面食譜做，做出來的蛋糕成品和口味都讓他們很滿意。許多人說，這是他們品嚐過最柔軟的戚風蛋糕，也喜歡那些能帶給家人和朋友快樂的創意與設計。

　　前兩本書著重在有趣和漂亮的造型設計，第三本書則是要幫助更多在家烘焙的人，掌握製作造型戚風蛋糕的基本技巧，包括製作分層、波浪和斑點、造型壓模，以及烤薄片蛋糕等等。一旦掌握了這些基本技巧，大家都能發揮創意，做出自己想要的蛋糕造型！

　　如果這是你第一次學做造型戚風蛋糕，希望你也能像我一樣享受製作造型戚風蛋糕的過程。我也想對那些一路上不斷支持和鼓勵我的人，說一聲謝謝！

　　願你用這些戚風蛋糕為所愛的人帶來幸福笑容！祝大家烘焙愉快！

Susanne
黃珊珊

基本工具與設備
Basic Tools & Equipment

1 戚風蛋糕中空烤模

　　戚風蛋糕通常會用中空烤模烘烤，因為這種類型的蛋糕非常細膩，需要緊貼中心柱和烤模側壁，讓蛋糕能在烘烤過程中升起，也能防止冷卻時下沉。因此，為了讓蛋糕附著在烤模上，戚風蛋糕中空烤模不能抹油，也不能是防沾材質。標準的戚風蛋糕中空烤模尺寸為 15 公分、18 公分和 23 公分。

　　製作單色戚風蛋糕時，容量通常是：

　　15 公分戚風蛋糕中空烤模：2 顆蛋黃和 3 顆蛋白

　　18 公分戚風蛋糕中空烤模：3 顆蛋黃和 4 顆蛋白

　　23 公分戚風蛋糕中空烤模：6 顆蛋黃和 8 顆蛋白

　　雙色或彩虹戚風蛋糕通常需要額外加一或兩顆雞蛋，因為在攪拌碗之間移動麵糊時會少掉一些雞蛋。

　　剛出爐的冷卻階段，必須將中空烤模倒置，趁蛋糕結構還沒穩定，透過重力將蛋糕體拉伸到最高。

2 其他類型的模具

　　經過許多嘗試，我發現戚風蛋糕可以用各種模具進行烘烤，只要體積不會太大，而且戚風蛋糕能夠緊貼表面即可，像是玻璃碗、造型金屬模具、矽膠模具、圓錐紙模和蛋殼等都適用。

　　體積較大的模具（例如：玻璃碗和金屬模具）最好在冷卻階段倒置，避免蛋糕下沉。如果是較小的模具，倒置就不會影響蛋糕冷卻後的高度。

　　至於要如何準備蛋殼模具，先在雞蛋的窄端開一個小洞，倒出蛋液，把蛋殼清洗乾淨，再去除蛋殼內壁的白膜。

　　這些食譜中，我還有用淺烤盤來烘烤裝飾用的薄片戚風蛋糕。使用的淺烤盤大小取決於所需的裝飾圖案。如果需要的圖案很小，可以使用最小的烤盤尺寸（15 公分 ×15 公分）。

3 烘焙紙

烘焙紙也稱為羊皮紙或防油紙，製作薄片蛋糕時，可以在烤盤鋪上烘焙紙，方便你把蛋糕從烤盤取出。如果是戚風蛋糕中空烤模、玻璃碗或金屬模具，就不能使用烘焙紙。

4 料理秤

由於製作戚風蛋糕的原料用量通常較少，而且有些食譜還要求精確度達到 1 克，所以建議使用電子秤。電子秤的另一個好處是有扣重歸零功能，能夠減去容器的重量，並只顯示材料的重量。如果食譜上說要將麵糊分成多個部分，這個功能就非常有用。

5 量匙

量匙通常為一組：1/8 茶匙、1/4 茶匙、1/2 茶匙、1 茶匙和 1 湯匙。這些量匙可以用來測量液體和乾性材料。測量液體材料時，將量匙盛滿而不溢出；測量乾性材料時，則是將量匙裝滿，再用抹刀或小刀刮去多餘的部分，讓材料與量匙切平。

6 篩網

麵粉、泡打粉或可可粉等乾性材料需要用細篩網來過篩，過篩可以去除麵粉中的結塊，也讓麵粉更蓬鬆輕盈，更容易與麵糊結合而不易產生顆粒，可以製作出更鬆軟可口、細緻綿密的蛋糕。

7 電動攪拌器

建議使用手持式電動攪拌器混合蛋黃麵糊，攪拌過程中也能把空氣拌入麵糊裡。記得將電動攪拌器設為低速或中速，再來攪打蛋黃麵糊。

如果是製作蛋白霜，可以使用手持式或桌上型攪拌器。手持式攪拌器需要很高的速度才能把蛋白打至中性發泡，所以如果你使用同一台攪拌器來攪拌蛋黃和打發蛋白，最好用可以自行調整速度的手持式攪拌器。

攪拌蛋黃麵糊後，務必徹底清潔攪拌器的配件，確定已清洗乾淨且沒有留下油脂，才可以拿來打發蛋白，不然油脂可能會阻礙蛋白發泡。

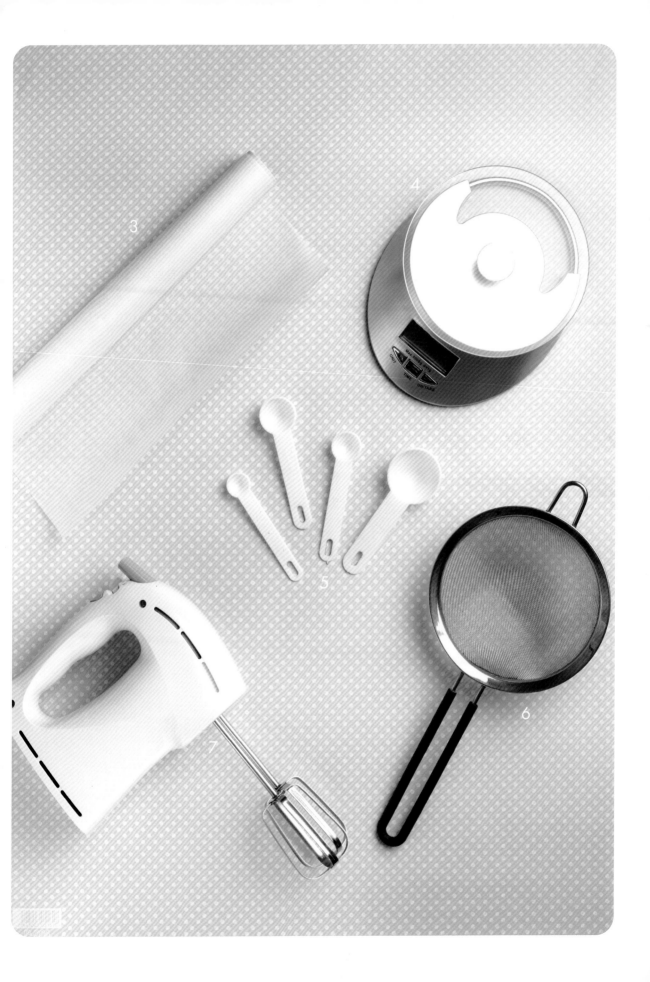

8 攪拌碗

手邊準備幾個大小各異的攪拌碗：小碗用來裝蛋黃麵糊，蛋白用較大的碗盛裝，因為蛋白打發成蛋白霜之後，體積會增加很多倍。蛋白霜的攪拌碗必須不含油脂，而且不能是塑膠材質，最好是用金屬和玻璃攪拌碗來做蛋白霜。

9 糕點刷

蛋糕的某些部分可以刷上糖漿來保持濕潤，特別是組裝需要花比較多時間的設計。

10 矽膠刮刀與矽膠打蛋器

蛋白霜要非常輕柔地混拌進蛋黃麵糊中，建議使用富彈性的矽膠刮刀或矽膠打蛋器，輕輕朝同一個方向切拌均勻。

11 蛋糕刮板

製作薄片蛋糕時，可以用蛋糕刮板把烤盤中的麵糊抹平，烤出來的蛋糕就會厚度一致。

12 餅乾模或推壓模

用圓形、心形、花朵和星星等各種形狀的模具在薄片蛋糕上切出形狀，可以拿來簡單裝飾蛋糕。

13 烤箱溫度計

由於戚風蛋糕對溫度的變化極為敏感，許多食譜會要求循序降低溫度，各個烤箱的反應時間也不盡相同，所以特別需要烤箱溫度計來監控烤箱的溫度。舉例來說，我的小烤箱就要比大烤箱多花 2 分鐘的時間來適應溫度變化，所以烤好後別忘了用探針檢查蛋糕是否熟透。

14 擠花嘴與擠花袋

製作造型戚風蛋糕時，一般會使用 0.2 ～ 0.3 公分的圓形擠花嘴做出各式花樣。如果沒有擠花嘴，也可以直接在拋棄式擠花袋的尖端剪一個 0.2 或 0.3 公分的洞。

基本材料
Basic Ingredients

＊乾性材料

1 低筋麵粉

　　通常會用低筋麵粉來做戚風蛋糕，而不是中筋麵粉，因為低筋麵粉的麩質含量較低（約 7.5 ～ 9%），做出來的蛋糕口感會比較鬆軟細膩。使用前將低筋麵粉過篩，可以讓空氣均勻混入麵粉當中，去除麵粉中的結塊，還能使麵粉更容易與麵糊結合，才不會攪拌過度。

　　你也可以選擇用特細麵粉，或是用中筋麵粉自製低筋麵粉，如果是每 120 克的中筋麵粉，用 2 湯匙的玉米澱粉（corn starch）取代 2 湯匙的中筋麵粉，混合後過篩 6 ～ 7 次，就能做為低筋麵粉使用。

2 糖

　　本書所有食譜的蛋黃麵糊和蛋白霜都是使用細砂糖。細砂糖比普通砂糖顆粒更細，溶解速度更快，特別適合用來打發蛋白霜。細砂糖可不是糖粉，別搞混了，糖粉是砂糖研磨成的粉末，有時候會加入玉米澱粉來防止結塊。千萬別用普通砂糖或糖粉代替這些食譜中的細砂糖，會影響蛋糕的口感。

3 塔塔粉

　　打發蛋白霜時，塔塔粉可以用來穩定蛋白，還有助於提高蛋白霜的耐熱性和體積。塔塔粉基本上就是酒石酸氫鉀，由酒石酸製成，這種成分有穩定蛋白霜的作用。製作戚風蛋糕時，每顆蛋白通常只需要 1/16 茶匙或一小撮塔塔粉，過多的塔塔粉會讓蛋糕吃起來帶有酸味。也可以用檸檬汁或白醋來代替塔塔粉，1/2 茶匙的塔塔粉可用 1 茶匙的檸檬汁或白醋代替。

4 泡打粉

　　如果使用正確的方式打發和拌勻蛋白霜，對於蓬鬆輕盈的戚風蛋糕來說，通常不需要泡打粉。不過，也有一些例外，如果蛋糕需要加容易讓麵糊消泡的食材，像是大量的柑橘類果皮、可可粉或紅麴粉，或食譜中的材料有南瓜泥和蜂蜜等濃稠液體，我們就需要用到泡打粉。

5 可可粉

可可粉依製程分成兩種：天然可可粉和荷蘭式可可粉（鹼性可可粉）。本書食譜所使用的都是荷蘭式可可粉，為方便起見，我們簡稱為可可粉。

天然可可粉和荷蘭式可可粉都是由可可豆製成，但製作荷蘭式可可粉時，會先將可可豆浸泡在鹼性溶液中，再進行乾燥，這會降低酸度，顏色也會變得比較深，同時減少巧克力的苦澀味，讓香氣更加濃郁。這兩種可可粉都是烘焙常用的材料，如果是用天然可可粉，通常需要蘇打粉與酸性的可可粉，進行酸鹼中和反應，產生二氧化碳氣體，有助於蛋糕膨脹，並避免威風蛋糕中出現大洞。如果使用荷蘭式可可粉，就只需要用泡打粉。

6 鹽

這些威風蛋糕食譜中，只需要少量的鹽就有助於讓蛋糕味道鮮活、引出食材風味，還能平衡蛋糕的甜味。

＊濕性材料

7 雞蛋

本書所有食譜都是使用平均重量為 60 克（帶殼）的中型雞蛋。

威風蛋糕製作時會先把蛋白與蛋黃分開。剛從冰箱拿出的蛋比較好分離蛋白與蛋黃，但室溫下的雞蛋有助於蛋白打發得更蓬鬆。可以趁雞蛋還冰冷時先分離蛋白與蛋黃，室溫下靜置 10～15 分鐘等待回溫之後，再打發蛋白。

最好另外拿一個碗來分離蛋白和蛋黃，以免蛋黃破裂混入蛋白中。蛋黃的油脂會阻礙蛋白打發。

新鮮雞蛋（放不到 4 天）的蛋白更容易打出美麗且穩定的威風蛋糕蛋白霜。雞蛋如果存放較久，蛋白會比較稀薄像水，由於液體更容易分離，所以打發出來的蛋白霜也較不穩定。把雞蛋存放在陰涼處有助於保持新鮮。

8 油

我使用的是植物油或玉米油〔栗米油〕，但這些食譜也可以用任何口味清爽溫和的植物油。比起用奶油〔牛油〕製作的蛋糕，用植物油做的戚風蛋糕會更蓬鬆有空氣感。以我的經驗來說，使用植物油或玉米油做出來的蛋糕，味道和口感上沒有太大差別。

9 液體（水／果泥／果汁／牛奶／椰奶／優格〔乳酪〕）

除了油之外，戚風蛋糕通常還會有水、果泥、果汁、牛奶或優格等液體成分。麵粉混和較高比例的液體雖然會讓穩定性變差，卻也能讓戚風蛋糕更加柔軟，所以我不斷修正調整這些食譜的比例，盡可能維持穩定，同時又能達到最柔軟綿密的狀態。因此比例格外重要，精準測量是蛋糕成功的關鍵。

10 香精與香料

這些食譜中會用到少量的香精與香料，例如香草精、草莓香精和斑蘭精等，為蛋糕增添風味。這些香精與香料大多是用小瓶子裝，烘焙用品店和某些超市都能買到。

某些食譜會用柑橘類水果（例如：橘子和檸檬）的皮屑來調味蛋糕。磨下柑橘類水果表面薄且有顏色的部分，避免磨到裡面白色的那一層，會有苦味。皮屑跟香精、香料有一樣的作用，都有助於提升烘焙的香氣和味道。

11 食用色素

雖然人工合成色素會讓蛋糕的色彩更鮮豔，但我還是盡量在烘焙中使用天然的食材來調色，像是可可粉、竹炭粉、紅麴粉和抹茶粉。

食用色素分成液體和膠狀，我比較喜歡用膠狀的食用色素，因為比液體色素濃縮得多，只需要用很少的量就會有鮮豔的顏色。用牙籤或探針的尖端沾一點點食用色素，再放入蛋黃麵糊來調色，依自己需求調整顏色深淺。特別要注意的是，蛋黃麵糊加入蛋白霜之後，顏色會變淺。

※ 書中〔 〕表示為香港用語。

組裝和裝飾用品
Assembly & Deco Essentials

棉花糖漿

棉花糖漿可以用來黏合蛋糕。在可用於微波爐的碗中放入 3～4 顆白色棉花糖，灑一些水，再以高火力微波 30 秒，拿出後攪拌均勻，棉花糖漿就做好了。

如果做出來的棉花糖漿太濃，可以加幾滴熱水攪拌。如果太稀，就再加 1～2 顆棉花糖，然後重複加熱和攪拌。

或者，也可以隔水加熱來融化棉花糖，加熱的同時一邊攪拌。

糖漿

蛋糕的某些部分可以刷上糖漿來保持濕潤。

依照你想要的甜度或濃稠度，將糖和水以 1：2 或 1：3 的比例混合（例如：10 克的糖和 20～30 克的水）。

把水加熱，接著在熱水中加入糖，並攪拌至溶解。先將糖漿放置一旁，冷卻後再使用。

融化的非調溫巧克力

如果沒有棉花糖漿，也可以把融化的巧克力用刷子刷在蛋糕上，來黏合蛋糕。

還能把巧克力融化後運用在蛋糕上做擠花裝飾，把融化的巧克力填入小擠花袋中，尖端剪一個小洞，就可以用來擠花了。

融化巧克力的做法是，把一個耐熱碗放在一鍋煮滾的水上，再把少量的巧克力（10～20 克）放進碗裡，攪拌至巧克力融化即可。或者，也可以裝在微波爐適用的容器，微波加熱 30 秒，攪拌至滑順均勻。

竹炭醬／可可醬

竹炭醬或可可醬是竹炭粉或可可粉與熱水混合而成的濃醬，可用來做蛋糕的擠花裝飾。

將 1 茶匙的熱水加入 1 ～ 1.5 茶匙的竹炭粉或可可粉中，充分拌勻成濃稠的狀態，即為竹炭醬或可可醬。再用湯匙填入小擠花袋中，尖端剪一個小洞，方便之後拿取使用。

戚風蛋糕小叮嚀

蛋白霜的品質

蛋白霜的品質好壞是戚風蛋糕成功與否的關鍵，好的蛋白霜才能做出蓬鬆柔軟、冷卻時不會塌陷的蛋糕。蛋白霜如果打發不夠（軟性和濕性發泡），烤出來的蛋糕口感會比較濕軟綿密，如果打發過頭（硬性和乾性發泡），容易造成戚風蛋糕有裂痕或表面爆裂，質地也會比較粗糙乾硬。製作戚風蛋糕時，蛋白霜最好打到中性發泡或接近硬性發泡，攪拌器上蛋白霜的尖端微硬而不會過硬，盆子即使倒扣也不會流下蛋白霜，這樣就是最完美的狀態。打發蛋白霜的容器則是要選用乾燥且沒有油脂殘留的碗，不要使用塑膠碗。

使用新鮮雞蛋

想做出完美的蛋白霜，不只要依正確的方式打發，還要選用新鮮的雞蛋。雞蛋最好存放在陰涼乾燥處，有助於保持新鮮。

涼爽環境下快速完成

蛋白霜容易因為溫度高和濕度大而消泡，所以蛋白霜打發後，要趕快接續後面的步驟。盡可能不要放超過 8～10 分鐘，如果擺放太久，蛋白霜消泡坍塌後，成品的底部可能會出現許多孔洞或過於紮實。

輕柔切拌均勻

蛋白霜分三次倒入蛋黃麵糊，通常會先取 1/3 的蛋白霜拌入蛋黃麵糊中，降低麵糊的密度，以利後續和蛋白霜的混合。朝同一個方向輕輕切拌，一邊慢慢旋轉攪拌碗，混合均勻就好，攪拌過頭會讓蛋糕口感紮實，烤不出蓬鬆感。

放在烤箱最底層

戚風蛋糕一般會放在烤箱最底層烘烤，避免蛋糕表面裂開和太快上色。戚風蛋糕也不會因為一開始就上升或膨脹過快，造成出爐後收縮和塌陷的問題。

戚風蛋糕保存方法

把戚風蛋糕包好或裝在密封容器中，避免蛋糕的水分流失。如果還沒有要馬上使用，可以先刷上糖漿。戚風蛋糕密封後，置於常溫下最多可保存 2 天，冷藏下最多可保存 5 天。

戚風蛋糕倒置冷卻

用中空烤模或大型模具烤出來的戚風蛋糕，出爐後要倒置冷卻，蛋糕才不會在結構還不穩定時，就因自身重量過重而塌陷。記得把蛋糕倒置在墊高的冷卻架上，保持下方的空氣流通，通風不良會讓水氣凝結，造成蛋糕的表面濕黏。也可以用電風扇吹蛋糕來加速冷卻，促進空氣流通。

造型戚風蛋糕製作訣竅

如何避免蛋糕出現一層褐色微硬的外皮,少了蛋糕應有的漂亮色澤?

蛋糕要烤到熟透,但也不要讓顏色變得太深。不妨多嘗試幾次,從錯誤中學習,找出自己烤箱最適合的溫度。

可以用烤箱溫度計來測量烤箱的確切溫度,每次嘗試時,都稍微降低烤箱溫度,延長烘烤時間,烤到蛋糕熟透但沒有一層褐色微硬的外皮,就是最適合的溫度。也可以從比較低的溫度開始往上調,如果是 140°C,大約需要烤 55 分鐘,但是 18 公分以上的蛋糕就不太適合從低溫開始,烘烤時間會太長,這種大小的蛋糕最好從較高溫度開始,再逐漸降低溫度。

如何蒸烤戚風蛋糕?

如果找不到自己烤箱適合的溫度,每次烤出來的表面顏色和質感都不盡理想,不妨試試看用蒸氣烘烤。在烤盤中倒入 0.5 ～ 0.8 公分深的熱水,放在烤箱最底層的架子下方,有助於降低烤箱溫度,所以可能會需要多烤 5 ～ 10 分鐘(依自己烤箱特性而定)才能把蛋糕完全烤熟。烤好之後,應該會蒸發掉 2/3 的熱水。

蛋糕表皮濕黏該怎麼辦?

如果蛋糕表皮濕黏,很可能是因為沒有烤熟,可以再多烤 5~10 分鐘,烤到蛋糕表面不會濕黏即可。如果放了一天之後才產生濕黏的一層,這是正常的現象,特別是在潮濕的環境,由於蛋糕成分中含糖,糖又具有吸濕的特性,很容易吸附周圍空氣的水分。可以在表面輕輕蓋上一張烘焙紙,再把烘焙紙撕掉,就能連帶撕起濕黏的那一層。

蛋糕黏在模具上怎麼處理?

戚風蛋糕沒烤熟或烤過頭(出現褐色微硬外皮)都有可能沾黏在模具上。如果發生這種情況,可以用薄刀輕輕切開黏住的部分,再繼續用手將蛋糕脫模。

基礎戚風蛋糕的烘烤與脫模

18公分圓形蛋糕作法

蛋黃麵糊

蛋黃 3 顆
細砂糖 20 克
植物油／玉米油 39 克
柳橙汁 48 克
柳橙皮屑 1 顆半
低筋麵粉 60 克（過篩）
鹽少許

蛋白霜

蛋白 4 顆
塔塔粉 1/4 茶匙
細砂糖 45 克

裝飾技巧

柳橙汁也可以換成等量的別種液體，且不加皮屑來改變蛋糕的味道。如果是用香精調味，只要補上足夠克數的水就好。舉例來說，5 克的香草精〔雲呢拿油〕就要再加 43 克的水。

1. 烤箱預熱 160°C，準備一個 18 公分的圓形戚風蛋糕中空烤模。

2. 製作蛋黃麵糊備用。把蛋黃和糖放入攪拌碗中，再用電動攪拌器以中速打至顏色變淺。

3. 倒入油、柳橙汁和柳橙皮屑，混合均勻。

4. 加入過篩好的麵粉和鹽，攪拌至滑順無顆粒。確定麵粉都拌勻後，先放置一旁。

5. 製作蛋白霜備用。將蛋白和塔塔粉放入乾淨無油的攪拌碗中，用攪拌器高速打至起泡。

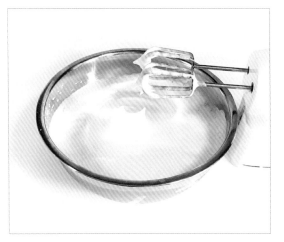

6. 先加一半的糖，以高速攪拌至軟性發泡，攪拌器上蛋白霜的尖角明顯下垂。

7. 加入剩下的糖，再繼續用高速攪拌至中性發泡，尖峰成形但尖端微彎。

8. 一次取 1/3 的蛋白霜混入蛋黃麵糊中，用有彈性的矽膠刮刀，輕輕朝同一個方向切拌均勻。

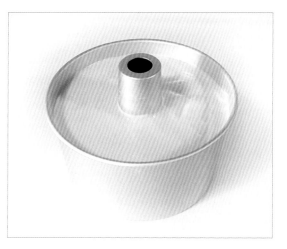

9. 將麵糊倒入戚風蛋糕中空烤模，至距離烤模邊緣約 2 公分的位置。把烤模拿起輕敲檯面幾下，消除麵糊中的氣泡。

10. 先用 160°C 烤 15 分鐘，再調至 140°C 續烤 30 分鐘，用探針或竹籤插入蛋糕中心，取出沒有沾黏就是烤好了。

11. 也可以用蒸氣烘烤（第 23 頁）的方式，140°C 烤 1 小時。

12. 出爐後，先在網架上倒置放涼，等到完全冷卻再脫模。

   ＊倒置能避免蛋糕在冷卻過程中，因自身重量而塌陷。戚風蛋糕完全冷卻需要約 1.5 小時，可以吹電風扇來加速冷卻。

13. 脫模方式為沿著烤模周圍把蛋糕往內側輕壓，一邊旋轉烤模，讓蛋糕與側壁分離。

14. 拿起中空烤模的活動式底座，蛋糕的側面便會脫離模具。

15. 一隻手輕輕將蛋糕從烤模底座提起，另一隻手支撐底座，一邊旋轉蛋糕，讓蛋糕與底座分離。

16. 底部朝上倒過來，再拿起烤模底座，蛋糕即完整脫模了。

烤戚風薄片蛋糕

25公分方形薄片蛋糕作法

蛋黃麵糊

蛋黃 2 顆
細砂糖 14 克
植物油／玉米油 26 克
水 34 克
低筋麵粉 40 克（過篩）

蛋白霜

蛋白 3 顆
塔塔粉 1/4 茶匙
細砂糖 30 克

裝飾技巧

薄片蛋糕基本上是用淺烤盤做成薄片形狀的戚風蛋糕。如果你要做的造型需要不同顏色的薄片蛋糕，可以在蛋黃麵糊加些食用色素來改變顏色。

1. 烤箱預熱 160°C，準備一個 25 公分的方形烤盤，鋪上烘焙紙。

2. 製作蛋黃麵糊備用。將蛋黃和砂糖攪拌至顏色變淡，接著倒入油，混合均勻後再加水混勻，放入已經過篩好的麵粉，攪拌至麵糊滑順沒有結塊。
   ＊如果想要改變薄片蛋糕的顏色，製作蛋黃麵糊時就把食用色素和水一併加入。

3. 製作蛋白霜備用。用電動攪拌器將蛋白和塔塔粉打至起泡，分次加糖攪拌至中性發泡。

4. 蛋白霜分三次拌入蛋黃麵糊，以切拌的方式輕輕混合。

5. 將麵糊倒入準備好的烤盤中。

6. 用蛋糕刮板把麵糊抹平。

7. 拿起烤盤在桌面輕敲幾下，把氣泡敲出來。

8. 160°C 烤 15 分鐘。

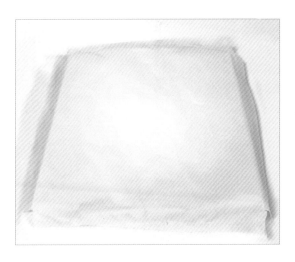

9. 薄片蛋糕烤好後，倒置在一張烘焙紙上，讓蛋糕冷卻。

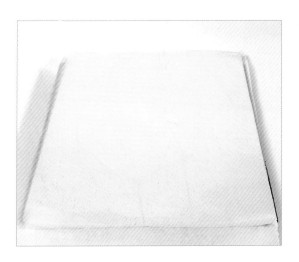

10. 撕掉薄片蛋糕上的烘焙紙，再放在砧板或烤盤上。

11. 用餅乾模或刀子切出所需的形狀。
    ＊我最常用的是花模（用於裝飾）和6公分的圓形切模（用來覆蓋在杯子蛋糕的表面，也可以用來遮住戚風蛋糕中空烤模烤出來的中間空洞）。

製作分層戚風蛋糕

三色西瓜蛋糕

18公分圓形蛋糕作法

蛋黃麵糊

蛋黃 5 顆
細砂糖 27 克
植物油 65 克
草莓優格飲〔士多啤梨乳酪飲品〕
85 克
香草精〔雲呢拿油〕8 克
低筋麵粉 100 克（過篩）
斑蘭精〔斑蘭香油〕1/4 茶匙
草莓香精〔士多啤梨香油〕1 茶匙

蛋白霜

蛋白 7 顆
塔塔粉 1/4 茶匙
細砂糖 75 克

裝飾技巧

改變麵糊的顏色來製作你喜歡的蛋糕設計。不妨用這個技巧製作彩虹蛋糕或漸層蛋糕！

1. 烤箱預熱 160°C，準備一個 18 公分的圓形戚風蛋糕中空烤模。

2. 製作蛋黃麵糊備用。蛋黃加入砂糖攪拌至溶解，倒入植物油，再加入草莓優格飲和香草精，攪拌均勻。倒入已經過篩好的麵粉，攪拌至滑順無顆粒。

3. 將蛋黃麵糊分成三部分：原色麵糊 10 茶匙，綠色麵糊 15 茶匙（加入斑蘭精），剩下的用於粉紅色麵糊（加入草莓香精）。

4. 把麵糊攪拌均勻。

5. 製作蛋白霜備用。用電動攪拌器將蛋白和塔塔粉打發呈泡沫狀，分次加糖攪拌至中性發泡。
   ＊製作分層蛋糕時，只需打到拿起攪拌器時，蛋白霜尖端呈現微硬，而非硬挺的狀態，方便與麵糊拌合。

6. 每份麵糊的蛋白霜用量：原色麵糊需要 20 湯匙（50 克），綠色麵糊會用到 30 湯匙（75 克），剩下的蛋白霜則用於粉紅色麵糊。

7. 將蛋白霜分別混入三種顏色的麵糊，輕輕切拌均勻。

8. 用湯匙把粉紅色麵糊均勻盛入中空烤模，裝到烤模約 3/5 的位置，用湯匙或刮刀輕輕抹平，再輕敲烤模消除氣泡。

9. 輕輕盛入下一層的原色麵糊，盡可能不要影響到前面已經鋪好的那一層。先從外圈開始鋪起，成品外觀的分層會看起來較為平整，也能避免由內向外抹開時，不小心混到前一層。

10. 外圈鋪好後，繼續把麵糊盛入內圈，用湯匙或刮刀輕輕抹平。

11. 再用湯匙輕輕盛入下一層的綠色麵糊，小心不要毀了前一層。作法跟前一層一樣，先從外圈開始，確保這一層的外觀同樣平整。

12. 綠色這層的外圈鋪好後，再將麵糊盛入內圈，用湯匙或刮刀輕輕抹平。

13. 裝到距離烤模邊緣 1.5 公分的位置，輕敲烤模消除氣泡。先用 160°C 烤 15 分鐘，再調至 140°C 烤 30 分鐘，用探針或竹籤插入蛋糕中心，取出沒有沾黏就是烤好了。
    ＊ 或是用蒸氣烘烤（第 23 頁），設定 140°C 烤 1 小時。

14. 烤好之後要先倒置在網架上，至完全冷卻才能脫模。

15. 烤一片黑色薄片蛋糕（第 30 頁），裁切出多個淚珠的形狀，再用棉花糖漿（第 20 頁）黏在蛋糕上做裝飾。

製作波浪花紋

花園蛋糕
18公分圓形蛋糕作法

蛋黃麵糊

蛋黃 3 顆
細砂糖 27 克
植物油 54 克
水 59 克
香草精〔雲呢拿油〕7 克
低筋麵粉 80 克（過篩）
斑蘭精〔斑蘭香油〕1/2 茶匙

蛋白霜

蛋白 5 顆
塔塔粉 1/4 茶匙
細砂糖 60 克

1. 烤箱預熱 160°C，準備一個 18 公分的圓形戚風蛋糕中空烤模。

2. 製作蛋黃麵糊備用。將蛋黃和砂糖均勻混合，攪拌至顏色變淡，倒入植物油，再加入水和香草精，攪拌均勻。倒入已經過篩好的麵粉，攪拌至滑順無顆粒。

3. 把蛋黃麵糊分成 2 等分（每份 20 茶匙），其中一份加入斑蘭精並混合均勻。

4. 製作蛋白霜備用。用電動攪拌器將蛋白和塔塔粉打發呈泡沫狀，分次加糖攪拌至中性發泡。

5. 把蛋白霜分成 2 等分。
   ＊可用料理秤測量，讓份量更準確。

6. 將蛋白霜分別拌入兩份麵糊，一次取 1/3 的量輕輕拌勻。

7. 用湯匙將原色麵糊盛入烤模底部至 2 公分厚。

8. 沿著烤模側面等間隔一匙一匙放入原色麵糊。

9. 用筷子或竹籤混合後來盛入的麵糊和原本底層之間的交界，讓相連處變得平滑。

10. 用筷子或竹籤調整麵糊的形狀，整理成兩邊凸起之間的低凹處都呈現光滑的 U 字型。

11. 用小茶匙舀綠色麵糊填滿低凹處。

12. 低凹處填滿之後，繼續用綠色麵糊覆蓋原色麵糊，填到距離烤模邊緣 1.5 ～ 2 公分的位置，輕敲烤模消除氣泡。

13. 先用 160°C 烤 15 分鐘，再調至 140°C 烤 30 分鐘，用探針或竹籤插入蛋糕中心，取出沒有沾黏就是烤好了。
＊ 或是用蒸氣烘烤（第 23 頁），設定 140°C 烤 1 小時。

14. 烤好之後要先倒置在網架上，等到完全冷卻才能脫模。

15. 用薄片蛋糕切出的圖案，或其他模具烤製的蛋糕來做自己喜歡的造型蛋糕裝飾。

製作斑點圖案

藍天白雲蛋糕
18公分圓形蛋糕作法

蛋黃麵糊

全蛋 1 顆
細砂糖 27 克
植物油／玉米油 53 克
水 51 克 +2 克
香草精〔雲呢拿油〕7 克
低筋麵粉 80 克（過篩）
蝶豆花濃縮液 8 克
（40 朵乾燥蝶豆加入 10 克的
熱水，浸泡 15 ～ 30 分鐘後過濾）
或是用淺藍色膠狀食用色素混合 8
克的水
淺藍色膠狀食用色素

蛋白霜

蛋白 5 顆
塔塔粉 1/4 茶匙
細砂糖 60 克

裝飾技巧

改變蛋糕的顏色來達到你
想要的效果，製作出動物
斑點或迷彩圖案！

1. 烤箱預熱 160°C，準備一個 18 公分的
   圓形戚風蛋糕中空烤模。

2. 製作蛋黃麵糊備用。將蛋黃和砂糖均勻
   混合，攪拌至顏色變淡，倒入油、51 克
   的水和香草精，攪拌均勻。倒入已經過
   篩好的麵粉，攪拌至滑順無顆粒。

3. 將蛋黃麵糊分成兩部分：一部分是 3/4
   的麵糊，另一部分為 1/4 的麵糊。

4. 麵糊份量較多的那一份加入蝶豆花濃縮
   液和少許藍色食用色素，混合均勻。
   ＊如果沒有蝶豆花，無法製作濃縮液，
   也可以用等量的水混合藍色食用色素來
   代替。

5. 把 2 克的水倒入份量較少的麵糊中，混
   合均勻。

6. 製作蛋白霜備用。用電動攪拌器將蛋白和塔塔粉打發呈泡沫狀，分次加糖攪拌至中性發泡。

7. 將蛋白霜分成兩部分：3/4 的蛋白霜和剩下的 1/4 蛋白霜。
   ＊可用料理秤測量，讓份量更準確。

8. 蛋白霜份量較多的那一份拌入藍色麵糊，一次取 1/3 的量輕輕拌勻。

9. 份量較少的蛋白霜也是用同樣的方法拌入原色麵糊。

10. 將原色麵糊一匙一匙隨意放入烤模底部，創造出雲朵般的形狀。

11. 用藍色麵糊填滿原色麵糊周圍的空間。

12. 先用藍色麵糊輕輕把「雲朵」覆蓋起來，再繼續鋪下一層的「雲朵」。

13. 沿著烤模側面隨意多放幾湯匙的原色麵糊。中間也可以點綴幾多白雲，這樣切開蛋糕後，剖面也能看到一些「雲朵」。

14. 繼續用藍色麵糊覆蓋原色麵糊。

15. 重複步驟 13 和 14，到距離烤模邊緣 2 公分為止。

16. 先用 160°C 烤 15 分鐘，再調至 140°C 烤 30 分鐘，用探針或竹籤插入蛋糕中心，取出沒有沾黏就是烤好了。
    ＊或是用蒸氣烘烤（第 23 頁），設定 140°C 烤 1 小時。

17. 一出爐就先倒置在網架上，等到完全冷卻才能脫模。

製作豎立扇形

三等分三味蛋糕

18公分圓形蛋糕作法

蛋黃麵糊

蛋黃 4 顆

細砂糖 27 克

植物油／玉米油 47 克

水 53 克

低筋麵粉 80 克（加入少許泡打粉
一起過篩）

抹茶粉 2 茶匙（用 10 克的熱牛奶
泡開）

即溶咖啡粉 2.5 茶匙或可可粉 2.5
茶匙（用 10 克的熱牛奶泡開）

豆漿粉 3 茶匙（用 10 克的熱豆漿
泡開）

蛋白霜

蛋白 6 顆

塔塔粉 1/4 茶匙

細砂糖 60 克

裝飾技巧

依照自己的喜好把蛋糕分成幾個區塊，只需要把蛋黃麵糊和蛋白霜分成相應的等分，再將每等分調成不同的顏色。最後用餅乾模從薄片蛋糕切出各種形狀來裝飾蛋糕。

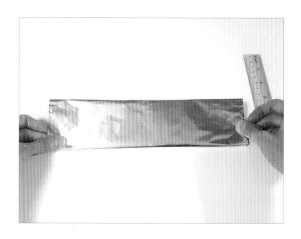

1. 烤箱預熱 160°C，準備一個 18 公分的圓形戚風蛋糕中空烤模。

2. 準備 3 張用來製作分隔板的鋁箔紙〔錫紙〕。

3. 每張鋁箔紙都摺疊到剛好能卡進烤模的大小，摺疊 2～3 次增加鋁箔紙的厚度。

   ＊這種蛋糕最好用側壁是垂直的烤模，才不需要為了配合烤模的形狀，多費心力摺疊鋁箔紙。

4. 摺好之後試放看看，確定每個分隔板都能剛好放進烤模。

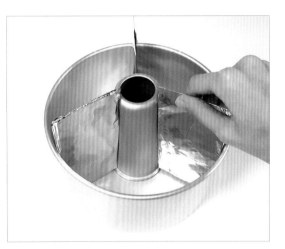

5. 把 3 個分隔板等距排入烤模內，將烤模分成 3 個相等的扇形區塊。

6. 製作蛋黃麵糊備用。將蛋黃和砂糖均勻混合，攪拌至顏色變淡，倒入油，再加水攪拌均勻。倒入加了泡打粉一起過篩的麵粉，攪拌至滑順無顆粒。

7. 將蛋黃麵糊分成 3 等分，分別加入不同的調味（抹茶、咖啡或可可、豆漿），混合均勻。

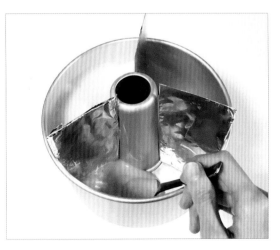

8. 製作蛋白霜備用。用電動攪拌器將蛋白和塔塔粉打發呈泡沫狀，分次加糖攪拌至中性發泡。

9. 將蛋白霜分成 3 等分，分別拌入不同口味的麵糊，一次取 1/3 的量輕輕拌勻。

10. 用湯匙把麵糊輕輕盛入烤模，一個區塊放一種口味，麵糊距離烤模邊緣要留下約 2 公分的位置。
   ＊動作盡量輕柔快速，以免麵糊消泡。記得用湯匙舀取，而不是把麵糊整碗倒入烤模。

11. 用雙手抽出烤模中的分隔板。

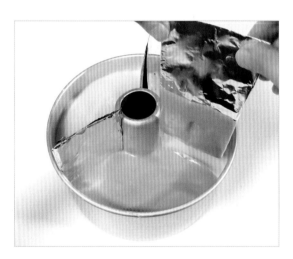

12. 拿起分隔板的動作要輕，而且要垂直向上。

13. 先用 160°C 烤 15 分鐘，再調至 140°C 烤 30 分鐘，用探針或竹籤插入蛋糕中心，取出沒有沾黏就是烤好了。
    ＊ 或是用蒸氣烘烤（第 23 頁），設定 140°C 烤 1 小時。

14. 一出爐就先倒置在網架上，等到完全冷卻才能脫模。

15. 用薄片蛋糕切出的圖案或其他模具烤製的蛋糕，來做想要的造型蛋糕裝飾。

蛋糕中的
隱藏圖案與驚喜

飛機蛋糕
18公分圓形蛋糕作法

薄片蛋糕

＊蛋黃麵糊

蛋黃 2 顆

細砂糖 14 克

植物油 26 克

水 34 克

低筋麵粉 40 克

＊蛋白霜

蛋白 3 顆

塔塔粉 1/4 茶匙

細砂糖 30 克

雙色戚風蛋糕

＊蛋黃麵糊

蛋黃 3 顆

細砂糖 20 克

植物油／玉米油 39 克

水 42 克

香草精〔雲呢拿油〕5 克

低筋麵粉 60 克（過篩）

橘色和紫色膠狀食用色素

＊蛋白霜

蛋白 4 顆

塔塔粉 1/4 茶匙

細砂糖 45 克

裝飾技巧

烤模側面也可以不要放飛機造型的蛋糕，讓大家切開蛋糕後才發現驚喜。或是用其他切模做出想要的驚喜圖案，呼應派對的主題！

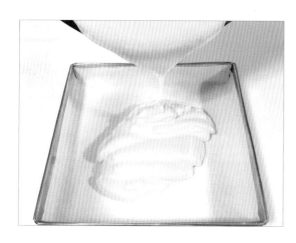

1. 烤箱預熱 160°C，準備一個 25 公分的方形烤盤，鋪上烘焙紙。

2. 製作薄片蛋糕要用的蛋黃麵糊。將蛋黃和砂糖均勻混合，攪拌至顏色變淡，倒入油，接著加水攪拌均勻，放入已經過篩好的麵粉，攪拌至滑順無顆粒。

3. 製作蛋白霜備用。用電動攪拌器將蛋白和塔塔粉打發呈泡沫狀，分次加糖攪拌至中性發泡。

4. 蛋白霜分三次拌入蛋黃麵糊，以切拌的方式輕輕混合。

5. 把薄片蛋糕的麵糊倒入準備好的烤盤中，抹平表面後，將烤盤輕敲桌面，讓麵糊中的氣泡浮出來。

6. 160°C 烤 15 分鐘，用探針或竹籤插入蛋糕中心，取出沒有沾黏就是烤好了。

7. 薄片蛋糕出爐後，先倒置在一張烘焙紙上冷卻。

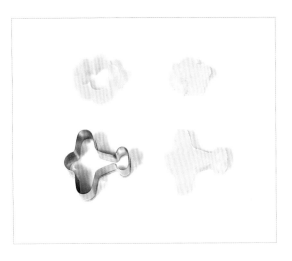

8. 撕掉薄片蛋糕上的烘焙紙，再把蛋糕移到砧板或烤盤上。

9. 用雲朵切模壓出 3 ～ 4 個雲朵形狀來裝飾蛋糕的底部。

10. 用飛機切模壓出 4 ～ 5 個飛機形狀來裝飾蛋糕的側面。

　＊ 切好的部分先用保鮮膜包裹，避免水分散失導致口感乾硬。

11. 再切 28 ～ 32 個飛機形狀，之後會在蛋糕裡排成一圈，製造隱藏的驚喜。

12. 烤箱預熱 160°C，準備一個 18 公分的圓形戚風蛋糕中空烤模。

13. 製作圓環蛋糕的蛋黃麵糊。將蛋黃和砂糖均勻混合，攪拌至顏色變淡，倒入油，接著加水攪拌均勻，放入已經過篩好的麵粉，攪拌至滑順無顆粒。

14. 將蛋黃麵糊分成 2 等分，一部分加橘色食用色素，另一部分加紫色食用色素，分別把顏色均勻調合。

15. 製作蛋白霜備用。用電動攪拌器將蛋白和塔塔粉打發呈泡沫狀，分次加糖攪拌至中性發泡。

16. 留 1 湯匙的蛋白霜，後面會需要用這些蛋白霜，把雲朵和飛機形狀的蛋糕黏在烤模上。

17. 剩下的蛋白霜分成 2 等分，分別拌入兩種顏色的麵糊，一次取 1/3 的量輕輕拌勻。

18. 用薄薄一層蛋白霜，把 3 ～ 4 個飛機和雲朵形狀的蛋糕黏在烤模的側面和底部。

19. 用湯匙將橘色麵糊輕輕盛入烤模至 2 公分厚，覆蓋底部的雲朵。
   * 雲朵周圍要確實填滿，不留下空隙。

20. 剩餘的飛機造型蛋糕也擺進烤模內，緊密地排成一圈。

21. 用湯匙盛入紫色麵糊，至距離烤模邊緣 2 公分的位置。

22. 先用 160°C 烤 15 分鐘，再調至 140°C 烤 30 分鐘，用探針或竹籤插入蛋糕中心，取出沒有沾黏就是烤好了。
   * 或是用蒸氣烘烤（第 23 頁），設定 140°C 烤 1 小時。

23. 出爐後先倒置在網架上，等到完全冷卻再脫模。

擠花造型

圓環小熊蛋糕
18公分圓形蛋糕作法

蛋黃麵糊

蛋黃 4 顆
細砂糖 33 克
植物油 60 克
水 67 克
香草精〔雲呢拿油〕7 克
低筋麵粉 80 克（另外再多準備
1 又 1/3 茶匙）
鹼化或荷蘭式可可粉 25 克
泡打粉 1/3 茶匙
竹炭粉 1/4 茶匙
鹽 少許

蛋白霜（用於擠花麵糊）

蛋白 1 顆
細砂糖 11 克
塔塔粉 1/5 茶匙

蛋白霜（用於戚風蛋糕）

蛋白 5 顆
細砂糖 60 克
塔塔粉 1/4 茶匙

裝飾技巧

掌握了這個擠花技法，要擠出花朵、文字或其他圖案都不是問題。

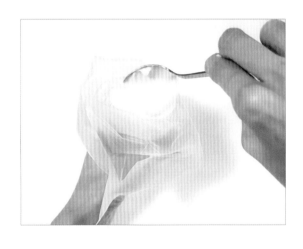

1. 烤箱預熱 160°C，準備一個 18 公分的圓形戚風蛋糕中空烤模，還有一個鋪了烘焙紙的 25 公分方形烤盤。

2. 製作蛋黃麵糊備用。將蛋黃和砂糖均勻混合，攪拌至顏色變淡，倒入植物油，再加入水和香草精，攪拌均勻。倒入過篩好的 80 克麵粉，攪拌至滑順無顆粒。

3. 將 3 茶匙的蛋黃麵糊盛入小碗中，加入 1 又 1/3 茶匙低筋麵粉混和均勻，用來製作小熊圖案的麵糊就準備好了。

4. 準備擠花麵糊所需的蛋白霜。用電動攪拌器將蛋白和塔塔粉打發呈泡沫狀，分次加糖攪拌至中性發泡。取 7 湯匙（17 克）的蛋白霜輕輕拌入擠花麵糊，再把拌好的麵糊裝入擠花袋中，在袋子的尖端剪一個 0.2 公分的小洞。

5. 在中空烤模的底座擠一大一小的圓，做為每隻小熊的臉。
   ＊擠出的圖案至少要有 0.8 公分厚，讓圖案能好好地附著在蛋糕體，而不會黏在烤模上。

6. 圖案先用 160°C 烤 2 分鐘。
   * 每個烤箱的時間設定可能會稍有差異，烤到圖案摸起來乾燥即可，如果變得酥脆就是烤過頭了。

7. 剩下的蛋黃麵糊混合可可粉與泡打粉。

8. 將 2 茶匙混合可可粉的麵糊盛入小碗中，再加 1/4 茶匙的竹炭粉。

9. 製作戚風蛋糕的蛋白霜備用。用電動攪拌器將蛋白和塔塔粉打發呈泡沫狀，分次加糖攪拌至中性發泡。

10. 把4湯匙蛋白霜拌入加了竹炭粉的麵糊。

11. 其他的蛋白霜輕輕拌入可可麵糊，一次取 1/3 的量輕輕拌勻。

12. 可可麵糊用湯匙盛入或倒入烤模，蓋住烤過的圖案，至距離烤模邊緣2公分的位置。

13. 先用 160°C 烤 15 分鐘，再調至 140°C 烤 30 分鐘，用探針或竹籤插入蛋糕中心，取出沒有沾黏就是烤好了。
    * 或是用蒸氣烘烤（第 23 頁），設定 140°C 烤 1 小時。

14. 出爐後先倒置在網架上，等到完全冷卻再脫模。

15. 把剩下的原色擠花麵糊、可可麵糊和竹炭麵糊平鋪在烤盤上。160°C 烤 15 分鐘，出爐後倒置在烘焙紙上冷卻。

16. 撕掉薄片蛋糕上的烘焙紙，放在砧板或烤盤上。

17. 用可可薄片蛋糕壓出 4 個 2 公分的圓圈做為口鼻部分，原色薄片蛋糕壓出 8 個 2.5 公分的圓圈做為耳朵，竹炭薄片蛋糕壓出 8 個 0.5 公分的圓圈做為眼睛，還需要 4 個 0.5 公分心形或圓形的竹炭薄片蛋糕做為鼻子。

18. 用棉花糖漿（第 20 頁）黏上小熊的眼睛。

19. 用粉紅色的食用色素筆畫出臉頰的紅暈。

20. 用棉花糖漿黏貼口鼻部分。

21. 最後把鼻子和耳朵黏好，小熊就完成了。

薄片蛋糕的烘烤與應用

貓頭鷹蛋糕

18公分圓形蛋糕作法

照著第 24 頁的作法先烤一個 18 公分的黃色圓形戚風蛋糕,做為貓頭鷹造型蛋糕的基底。

蛋黃麵糊

蛋黃 2 顆
細砂糖 13 克
植物油／玉米油 26 克
水 28 克
香草精〔雲呢拿油〕4 克
低筋麵粉 40 克(過篩)
粉紅色、咖啡色和黃色膠狀食用色素

蛋白霜

蛋白 3 顆
細砂糖 30 克
塔塔粉 1/4 茶匙

裝飾技巧

這款貓頭鷹蛋糕示範了如何利用薄片蛋糕做出各種造型。只要烤幾種顏色的薄片蛋糕,依想要的形狀切割,就能用來裝飾戚風蛋糕。

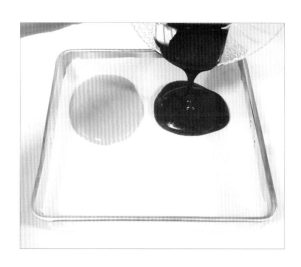

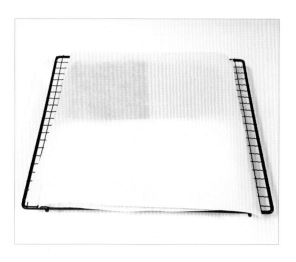

1. 烤箱預熱 160°C,準備兩個 20 公分的方形烤盤,鋪上烘焙紙。

2. 製作蛋黃麵糊備用。將蛋黃和砂糖攪打到顏色變淡,接著倒入油、水和香草精混合均勻,再加入麵粉攪拌至滑順無顆粒。將麵糊分成 5 個部分:原色、深粉紅色、咖啡色和黃色麵糊各 3 茶匙,淺粉紅色麵糊 10 茶匙,混合各自的顏色。

3. 製作蛋白霜備用。將蛋白、塔塔粉和細砂糖打至中性發泡,同樣分成 5 份:原色、深粉紅色、咖啡色和黃色麵糊各需要 6 湯匙(15 克)蛋白霜,淺粉紅色麵糊則會用到 20 湯匙(50 克)蛋白霜。把蛋白霜輕輕拌入蛋黃麵糊。

4. 將份量較少的四種麵糊倒入烤盤的各個角落。

5. 160°C 烤 15 分鐘。烤好後,倒置在烘焙紙上冷卻。
   * 四種麵糊之間的界線不一定要很直,只要都有平舖在烤盤就好。

6. 淺粉紅色麵糊倒入另一個烤盤，160°C 烤 15 分鐘，出爐後倒置在烘焙紙上冷卻。

7. 撕掉薄片蛋糕上的烘焙紙，放在砧板或烤盤上。

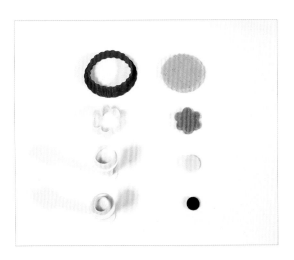

8. 使用幾種不同的切模來做貓頭鷹的眼睛：用有花邊的圓形切模在淺粉紅色薄片蛋糕上壓出 2 個圓圈（圖中最上排）；用花模從深粉紅色薄片蛋糕壓出 2 個花朵形狀（第二排）；用圓形推壓模在原色薄片蛋糕上壓出 2 個小圓圈（第三排）；用更小的圓形推壓模從咖啡色薄片蛋糕壓出 2 個圓圈。

＊貓頭鷹的眼睛會由這些形狀堆疊而成。為避免堆疊得太高，可以用花模在淺粉紅色的圓圈中切出花朵形狀的空洞，就能把深粉紅色的花朵放入。

9. 淺粉紅色的薄片蛋糕還會用來做貓頭鷹的羽毛和翅膀。頭上的羽毛是用橢圓形切模壓出一個大橢圓形，再用圓形切模左右各壓一個內凹的曲線（圖中上排）。用水滴切模壓出一對翅膀（中間），胸前的羽毛則是用 2 公分的圓形切模壓出 10 個圓圈（下排）。

10. 用刀切一個深粉紅色的三角形，做為貓頭鷹的嘴喙，再從黃色薄片蛋糕切下 2 個三角形做為耳羽。

11. 用 6 公分的圓形切模（依戚風蛋糕中間空洞的大小來選擇切模）在黃色薄片蛋糕上壓出一個圓圈，來遮住中空烤模烤出來的中間空洞。

    ＊仔細測量中空烤模的尺寸，讓壓出的圓圈剛好吻合空洞的大小。

12. 刷上棉花糖漿（第 20 頁）黏合貓頭鷹的各個部分。

13. 黏貼貓頭鷹胸前的羽毛，會先從最底下的那一排開始，把圓圈緊密排列。

14. 最下面一排會用 4 個圓圈，接著上面一排用 3 個，與前一排稍微重疊，再上去是 2 個，最後是 1 個圓圈，貓頭鷹胸前的羽毛就完成了。最後一個圓圈也可以剪成尖尖的形狀。

製作杯子蛋糕

造型香蕉杯子蛋糕

9個4.4公分杯子蛋糕作法

蛋黃麵糊

熟透的香蕉 1 大根（或一根半）
蛋黃 1 顆
細砂糖 5 克
植物油／玉米油／椰子油 15 克
低筋麵粉 35 克
蘇打粉〔梳打粉〕1/8 茶匙
泡打粉 1/8 茶匙
鹽 1/8 茶匙

蛋白霜

蛋白 2 顆
塔塔粉 1/4 茶匙
細砂糖 19 克

裝飾技巧

這篇食譜會分享如何用杯子蛋糕紙模來烤戚風蛋糕，大家可以運用各種顏色的薄片蛋糕，做出符合派對主題的蛋糕造型！

1. 香蕉以湯匙壓過篩網成泥狀，或是用攪拌器攪碎。取出 70 克的香蕉泥備用。

2. 烤箱預熱 160°C，準備 9 個 4.4 公分的杯子蛋糕紙模（有上蠟）。

3. 製作蛋黃麵糊備用。將蛋黃和砂糖攪打到顏色變淡，倒入油混合後加入香蕉泥拌勻，接著把蘇打粉、泡打粉跟低筋麵粉一起過篩，再加進去攪拌至質地滑順，最後加鹽混合均勻。

4. 製作蛋白霜備用。用電動攪拌器將蛋白、塔塔粉和細砂糖打至中性發泡。

5. 先挖取 1/3 的蛋白霜放入蛋黃麵糊，切拌均勻。

6. 剩下的蛋白霜再分兩次輕輕拌入麵糊中。

7. 將麵糊盛入杯子蛋糕紙模，裝到距離紙模邊緣 1 公分的位置即可。

＊紙模預留 1 公分不填滿，讓杯子蛋糕有膨脹的空間，烤好後會上升到和紙模差不多的高度。別把麵糊裝太滿了，不然烤完會高過紙模，還要再切掉多餘的部分。

8. 每一個裝好之後都輕敲桌面,讓空氣排出。

9. 把紙模放上烤盤。

10. 160°C 烤 25 分鐘,用探針或竹籤插入蛋糕中心,取出沒有沾黏就是烤好了。

11. 出爐後,整個烤盤放在網架上冷卻。
    ＊如果杯子蛋糕在冷卻時回縮,或往中間塌陷,可能是因為沒有完全烤熟。可以將烤盤放在烤箱較上層的位置,讓蛋糕表面更接近熱源,再多烤幾分鐘。

12. 把薄片蛋糕(第 30 頁)切成想要的形狀來裝飾杯子蛋糕。我是先用 6 公分的圓形切模在薄荷綠薄片蛋糕上壓出圓圈來覆蓋杯子蛋糕,再用其他顏色的薄片蛋糕做一些小裝飾。

圓錐紙模造型蛋糕

積雪覆蓋的富士山戚風蛋糕
9個棒棒糖蛋糕作法

檸檬薑蛋黃麵糊

檸檬薑茶葉 3 茶匙
熱水 15 克
蛋黃 10 克
細砂糖 5 克
植物油／玉米油 11 克
低筋麵粉 15 克（過篩）

蛋白霜

蛋白 2 顆
塔塔粉 1/4 茶匙
細砂糖 23 克

薰衣草蛋黃麵糊

薰衣草花 2 茶匙
熱水 15 克
蛋黃 10 克
細砂糖 5 克
植物油／玉米油 11 克
低筋麵粉 15 克（過篩）
紫色膠狀食用色素

裝飾技巧

只要改變顏色，這種圓錐小蛋糕也可以變身成西瓜片或聖誕樹！

1. 製作圓錐紙模的烤架。深烤盤用 2 層鋁箔紙〔錫紙〕包起，再用筷子戳 9 個洞來固定圓錐。

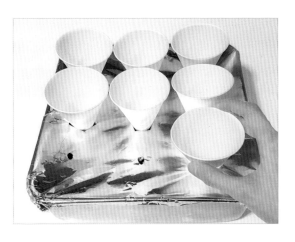

2. 輕輕把 9 個圓錐紙模放進去，邊放邊把洞撐大，圓錐和鋁箔紙之間不要製造出太多空隙。

3. 以熱水沖泡檸檬薑茶，準備用來製作檸檬薑蛋黃麵糊。

4. 薰衣草花加熱水泡成薰衣草茶，備用。

5. 至少浸泡 10 分鐘，之後將茶渣和薰衣草花濾出。

6. 烤箱預熱 140°C 。

7. 製作兩種不同口味的蛋黃麵糊。先將蛋黃和砂糖攪打到顏色變淡，倒入油混合，接著分別加入檸檬薑茶和薰衣草茶拌勻，再加入過篩後的麵粉，攪拌至滑順無顆粒。在薰衣草麵糊裡加入一點點紫色膠狀食用色素。

8. 製作蛋白霜備用。用電動攪拌器將蛋白、塔塔粉和細砂糖打至中性發泡，再將蛋白霜均分為 2 等分。

9. 蛋白霜分別拌入兩種麵糊，一次取 1/3 的量輕輕拌勻。

10. 將檸檬薑麵糊盛入圓錐紙模的底部，約 1/3 滿。

11. 檸檬薑麵糊上盛入薰衣草麵糊，麵糊和紙模頂端之間留 1 ～ 1.5 公分的距離。

12. 140°C 烤 35 分鐘，用探針或竹籤插入蛋糕中心，取出沒有沾黏就是烤好了。如果不想烤這麼久，可以先用 150°C 烤 10 分鐘，再用 140°C 烤 10 ～ 15 分鐘。

13. 將烤盤從烤箱取出,置於網架上放涼。

14. 等蛋糕完全冷卻後,從圓錐尖端將紙模撕開即可脫模。

15. 切掉圓錐尖端的一小部分,做出山頂的感覺。

16. 從薄片蛋糕(第30頁)切出想要的形狀,再用棉花糖漿(第20頁)黏在蛋糕上做裝飾,也可以用食用色素筆、融化的非調溫巧克力或竹炭醬(第21頁)加上細節。

蛋殼蛋糕作法

獨角獸棒棒糖戚風蛋糕

12個棒棒糖蛋糕作法

蛋黃麵糊

蛋黃 1 顆
細砂糖 10 克
植物油／玉米油 21 克
水 22 克
香草精〔雲呢拿油〕3 克
低筋麵粉 30 克（過篩）

蛋白霜

蛋白 2 顆
塔塔粉 1/4 茶匙
細砂糖 23 克

裝飾技巧

也可以把這款蛋糕的麵糊調成各種顏色，做出彩虹棒棒糖蛋糕或復活節彩蛋棒棒糖蛋糕！

1. 準備 12 顆蛋殼，先在蛋殼頂端上開一個小口，倒出蛋液後洗淨，撕掉蛋殼的內膜後晾乾。

   ＊別小看去除內膜這個步驟，烤出來的蛋糕會比較好剝殼。

2. 將蛋殼放入 3.8 公分的杯子蛋糕紙模（有上蠟），讓蛋殼在烤箱中保持直立。

3. 烤箱預熱 140°C。

4. 製作蛋黃麵糊備用。將蛋黃和砂糖攪打到顏色變淡，倒入油混合，接著加入水和香草精拌勻，再加入過篩後的麵粉，攪拌至滑順無顆粒。

5. 製作蛋白霜備用。用電動攪拌器將蛋白、塔塔粉和細砂糖打至中性發泡。

6. 一次取 1/3 的蛋白霜輕輕拌入蛋黃麵糊中。

7. 將麵糊盛入蛋殼，裝到約 2/3 滿。
   ＊別裝得太滿，不然烤的時候麵糊會爆出來，還要再把多出的部分修掉。

8. 140°C 烤 30 ～ 35 分鐘，用探針或竹籤插入蛋糕中心，取出沒有沾黏就是烤好了。如果想縮短烘烤時間，可以先用 160°C 烤 10 分鐘，再用 140°C 烤 10 到 15 分鐘。

9. 出爐後，置於網架上放涼。

10. 等到蛋糕完全冷卻就能脫模，用湯匙背面輕輕將蛋殼敲碎。

11. 慢慢剝掉蛋殼。

12. 準備獸角形狀的餅乾和糖霜，用棉花糖漿（第20頁）黏在棒棒糖蛋糕上做裝飾。或是用圓錐紙模（第66頁）烤出獸角形狀的蛋糕，同樣用棉花糖漿來固定獸角。

13. 從薄片蛋糕（第30頁）裁切或壓出花朵形狀，再用棉花糖漿（第20頁）黏在棒棒糖蛋糕上。

14. 用融化的非調溫巧克力或竹炭醬（第21頁）畫上眼睛。

15. 用粉紅色的食用色素筆畫出臉頰的紅暈。

運用碗 & 蛋糕模具

立體熊貓蛋糕
3 個小蛋糕作法

玻璃碗熊貓蛋糕

＊蛋黃麵糊
蛋黃 4 顆
細砂糖 27 克
植物油／玉米油 53 克
水 50 克
香草精〔雲呢拿油〕8 克
低筋麵粉 80 克（過篩）

＊蛋白霜
蛋白 5 顆
塔塔粉 1/4 茶匙
細砂糖 60 克

竹炭棒棒糖蛋糕

＊蛋黃麵糊
蛋黃 2 顆
細砂糖 14 克
植物油／玉米油 26 克
水 30 克
香草精 4 克
低筋麵粉 40 克（過篩）
1 又 1/4 茶匙竹炭粉

＊蛋白霜
蛋白 3 顆
塔塔粉 1/4 茶匙
細砂糖 30 克

裝飾技巧

可以搭配不同的顏色，變換出各種動物造型！

1. 烤箱預熱 160°C，準備 6 個直徑 11 公分的玻璃碗。

2. 製作玻璃碗熊貓蛋糕所需的蛋黃麵糊。將蛋黃和砂糖攪打到顏色變淡，倒入油混合，接著加水和香草精拌勻，再加入過篩後的麵粉和鹽，攪拌至滑順無顆粒。

3. 製作蛋白霜備用。用電動攪拌器將蛋白、塔塔粉和細砂糖打至中性發泡。

4. 一次取 1/3 的蛋白霜輕輕拌入蛋黃麵糊中。

5. 將麵糊均勻盛入碗中，每碗約 3/4 滿。

6. 先用 160°C 烤 10 分鐘，再調至 140°C 烤 20 ～ 25 分鐘，用探針或竹籤插入蛋糕中心，取出沒有沾黏就是烤好了。

7. 先把碗倒置在網架上，等蛋糕完全冷卻後再用手脫模。

8. 用手沿著蛋糕四周慢慢往內撥，讓蛋糕體與側壁分離，即可脫模。如果無法輕鬆將蛋糕脫模，可能是因為沒烤熟或烤過頭。

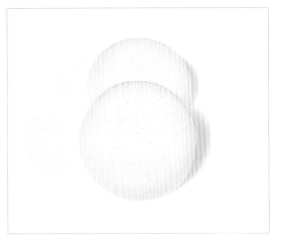

9. 把玻璃碗烤出來的蛋糕兩兩稍微相疊，用棉花糖漿（第 20 頁）黏在一起，做為熊貓的身體。

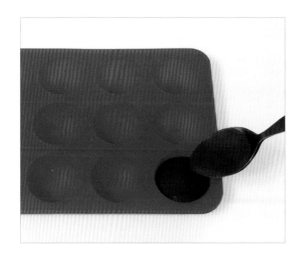

10. 烤箱預熱 160°C。準備一個凹槽為 3 公分的棒棒糖蛋糕模具，還需要一個 25 公分的方形烤盤，鋪上烘焙紙。

11. 準備竹炭棒棒糖蛋糕會用到的蛋黃麵糊。將蛋黃和砂糖攪打到顏色變淡，倒入油混合，接著加水和香草精拌勻，再加入過篩後的麵粉和竹炭粉，攪拌至滑順無顆粒。

12. 準備蛋白霜。用電動攪拌器將蛋白、塔塔粉和細砂糖打至中性發泡。

13. 一次取 1/3 的蛋白霜輕輕拌入蛋黃麵糊中。

14. 將麵糊填入模具的 6 個凹槽內，約 9 分滿，放進烤箱以 160°C 烤 12 ～ 14 分鐘，拿一根探針或竹籤從中間插入，取出後沒有沾黏麵糊代表烤熟了，即可置於網架上放涼。

15. 將其餘麵糊倒入方形烤盤，用 160°C 烤 15 分鐘。出爐後，倒置在烘焙紙上冷卻。

16. 輕輕把蛋糕從模具裡推出來。

17. 將棒棒糖蛋糕對半切，做為熊貓的爪子（圖中最下排）。

18. 撕掉薄片蛋糕上的烘焙紙，並放到砧板或烤盤上。

19. 用橢圓形切模壓出 6 個熊貓眼睛（最上排），尾巴會先用 1 公分的圓形切模壓出 3 個圓圈，再從圓圈側邊切掉 1/3（第二排），耳朵是用 2 公分的圓形切模壓出 3 個圓圈，再對半切成半圓形（第三行），鼻子則是用小圓切模壓出 3 個小圓蛋糕片。

20. 用棉花糖漿（第 20 頁）組裝蛋糕，再用融化的巧克力（第 21 頁）點上眼睛白色的部分。

金屬模具烘焙

馴鹿蛋糕
15公分蛋糕的作法

重量換算

原料重量

蛋 1 顆（帶殼）= 60 克

蛋 1 顆（無殼）= 53 克

蛋黃 1 顆 = 13 克

蛋白 1 顆 = 40 克

蛋黃麵糊 1 茶匙 = 5 克

蛋黃麵糊 1 湯匙 = 15 克

蛋白霜 2 湯匙 = 5 克

低筋麵粉 1 湯匙 = 6.25 克

細砂糖 1 湯匙 = 14 克

可可粉 1 湯匙 = 7.38 克

鹽／泡打粉 = 1/8 茶匙

植物油 1 湯匙 = 14 克

水／牛奶／大多數液體 1 湯匙 = 15 克

標準轉換

液體和體積轉換

3 茶匙 = 1 湯匙 = 1/2 液體盎司〔液體安士〕= 15 毫升

16 湯匙 = 1 杯 = 8 液體盎司 = 250 毫升

乾量

30 克 = 1 盎司〔安士〕

100 克 = 3 又 1/2 盎司

280 克 = 10 盎司

長度

0.5 公分 = 1/4 英吋

1 公分 = 1/2 英吋

1.5 公分 = 3/4 英吋

2.5 公分 = 1 英吋

蛋黃數量視烤模尺寸而定

15 公分的戚風蛋糕中空烤模 = 蛋黃 2 顆

18 公分的戚風蛋糕中空烤模 = 蛋黃 3 顆

20 公分的戚風蛋糕中空烤模 = 蛋黃 4 顆

23 公分的戚風蛋糕中空烤模 = 蛋黃 6 顆

戚風蛋糕中空烤模尺寸轉換（單色蛋糕）

15 公分烤模換成 18 公分烤模，將原本配方用量除以 2 再乘以 3。

18 公分烤模換成 20 公分烤模，將原本配方用量除以 3 再乘以 4。

18 公分烤模換成 23 公分烤模，將原本配方用量除以 3 再乘以 6。

烤箱溫度換算

130°C = 265°F

140°C = 285°F

150°C = 300°F

160°C = 325°F

縮寫

tsp	茶匙
Tbsp	湯匙
g	克
kg	公斤
ml	毫升